AF375764

QUELQUES MOTS

SUR

LE CLIMAT DE L'ILE

DE

PORQUEROLLES

(Ile d'Hyères, Var)

Par le Docteur A. BERNARD

MÉDECIN DU DÉPÔT

DES CONVALESCENTS DE L'ARMÉE D'AFRIQUE A PORQUEROLLES

MÉDECIN INSPECTEUR DE LA SOCIÉTÉ PROTECTRICE

DE L'ENFANCE DE MARSEILLE

TOULON

TYPOGRAPHIE et LITHOGRAPHIE L. GERMAIN et M. MASSONE

Boulevard de Strasbourg, 56

1877

QUELQUES MOTS

SUR

LE CLIMAT DE L'ILE

DE

PORQUEROLLES

(Ile d'Hyères, Var)

Par le Docteur A. BERNARD

MÉDECIN DU DÉPÔT
DES CONVALESCENTS DE L'ARMÉE D'AFRIQUE A PORQUEROLLES
MÉDECIN INSPECTEUR DE LA SOCIÉTÉ PROTECTRICE
DE L'ENFANCE DE MARSEILLE

TOULON

TYPOGRAPHIE ET LITHOGRAPHIE L. GERMAIN ET M. MASSONE

Boulevard de Strasbourg, 56

—

1877

PRÉFACE

Beaucoup d'auteurs ont écrit sur les stations hivernales du littoral méditerranéen, plusieurs célébrités médicales aussi ont justement apprécié les bienfaits du climat d'Hyères et de ses environs, où tant d'étrangers viennent, chaque année, chercher la santé, respirer son air pur et sec et admirer son beau soleil.

Mais si d'Hyères on porte les regards au loin, on découvre une majestueuse rade et à l'horizon une terre assez étendue, qui fait partie des îles d'or, appelée *Porquerolles*.

Cette île, jusqu'ici peu connue, mérite cependant sa place parmi les stations hivernales. Aussi notre but, après de sérieuses observations, est-il de faire connaître quelle est l'influence du climat de l'île de Porquerolles sur les santés délicates, auxquelles le soleil d'Hyères, de Cannes, de Menton, de Nice, etc., semble apporter un bien grand soulagement.

QUELQUES MOTS

SUR

LE CLIMAT DE L'ILE

DE

PORQUEROLLES

HISTORIQUE

L'île de Porquerolles, autrefois appelée *Prolès*, a été habitée successivement par les Liguriens et les Romains ; les Grecs, les Maures et les barbares du Nord y régnèrent tour à tour. Le christianisme y conduisit des solitaires, qui fondèrent un couvent. Mais les Sarrazins les chassèrent pour les mener en esclavage. Au Xme siècle, Porquerolles, après avoir été le repaire des pirates africains, sembla devenir tout d'un coup le boulevard de la chétienté. François Ier en chassa ensuite les Maures et fit construire une forteresse qui existe encore aujourd'hui et domine le village. Enfin Louis XIV, après avoir dispersé les forbans, rendit aux Provençaux l'île de Porquerolles. Aujourd'hui elle est la propriété de M. le duc de Vicence, fils du célèbre diplomate du premier empire, le marquis de Caulain court.

GÉOGRAPHIE — TOPOGRAPHIE

L'île de Porquerolles est située à 14 kilomètres
de la ville d'Hyères, dont elle est une dépendance,
et à 28 kilomètres de Toulon-s/mer. Elle a une lon-
gueur de 10 kilomètres sur 3 de largeur. Il n'existe
dans l'île qu'un seul village, situé sur la côte Nord-
Ouest et bâti au bord de la mer. Ses maisons, très
coquettes, sont construites avec assez de régularité.
On trouve au centre du village une grande place,
bordée d'arbres de toutes sortes et de deux rangées
de maisons. Cette place est dominée par une église,
œuvre du génie militaire et digne d'être visitée. Plus
haut sont échelonnées, au milieu d'une végétation
assez luxuriante et en amphithéâtre, les casernes
d'infanterie et le dépôt des convalescents de l'armée
d'Afrique. De chaque côté de la place s'étendent
deux rues principales, où l'eucalyptus et l'ormeau
répandent continuellement un ombrage des plus
agréables.

L'île est parcourue de l'Ouest à l'Est par des chemins de communication, fort bien entretenus et tra-
cés au milieu des bois, où fourmillent les pins, les
bruyères et les arbousiers. De petits chemins ou-
verts traversent aussi l'île dans tous les sens, et

permettent aux promeneurs d'admirer cette végétation si riche et si belle.

Le sol est esséntiellement schisteux, présentant quelques traces de quartz et de fer titané.

La flore est riche et intéressante à tous les points de vue. On trouve dans les forêts des bruyères, des arbousiers, des pins, des chênes-liéges, etc. Plusieurs espèces fruitières, potagères et d'ornement, soit d'Europe ou d'autres points du monde, s'y acclimatent facilement.

Les végétaux toxiques y sont communs, ainsi que des espèces médicinales variées, fort en honneur à la campagne et même dans les villes.

Aussi la flore du pays a été étudiée avec soin par *M. Ollivier*, aumônier militaire à Porquerolles, qui possède un musée remarquable à tous les points de vue. C'est grâce aux études approfondies de cet estimable botaniste que l'on a rencontré à Porquerolles des plantes rares, telles que le *Delphinium requienii*, le *Galium minutulum*, le *Pelargonium capitatum*, le *Latyrus tingitanus*, l'*Alkanna Lutea*, le *Genista linifolia*, l'*Anthyllis barba Jovis*, le *Cistus Porquerollensis*, le *Cistus olbiensis*, etc., etc. En un mot la flore est très variée, tout en présentant quelques plantes rares.

L'île de Porquerolles est divisée en plusieurs versants, présentant des collines très-boisées et des plaines pour la plupart cultivées et très fertiles.

La côte Sud est uniquement composée de falaises très-élevées, très-abruptes, présentant de distance en distance des anses profondes, très-curieuses, bien abritées, où viennent se réfugier les pêcheurs fuyant devant le mauvais temps.

La côte Nord offre un aspect tout différent, elle est remarquable par ses plages, composées uniquement d'un sable très-fin et d'une souplesse extrême.

La nature offre à Porquerolles les contrastes les plus frappants, de la végétation la plus luxuriante à côté des rochers les plus abruptes, les plus décharnés, sans cesse battus par les flots. La mer azurée, continuellement sillonnée par des bateaux de toutes les nations vient s'ajouter à ce spectacle frappant, d'où la monotonie semble à jamais exclue.

Mais ce qui caractérise spécialement le climat de Porquerolles, c'est la beauté constante de son ciel, la rareté des jours de pluie, l'élévation de la moyenne annuelle et la sécheresse de l'atmosphère. La Providence semble lui avoir tout accordé, air pur et sec, sites pittoresques et agréables, verdure constante, forêts splendides, défiant tous les vents et répandant une odeur balsamique, si bienfaitrice pour les poitrines délicates.

En un mot, ce ciel bleu et transparent, cet air si vivifiant, que les malades respirent à pleins poumons, tout dans la nature semble s'être donné rendez-vous à l'île de Porquerolles, pour en faire un des séjours les plus agréables et les plus recherchés par ceux qui viennent demander à ce site privilégié la guérison, ou tout au moins, le soulagement de leurs maux.

A cette bonté du climat viennent s'ajouter les effets salutaires de l'air marin, car l'habitation sur le littoral, d'une façon générale, est une médication souveraine, à cause de l'aération constante de l'atmosphère. Celle-ci porte sur les vésicules aériennes une action d'autant plus prononcée qu'elle est plus vive; plus fréquemment agitée, et du reste composée d'une plus grande quantité d'oxygène, sous un volume déterminé. Cet air agit mieux sur le sang, avec lequel il se trouve en contact, et contribue efficacement à lui restituer la couleur éclatante dont il a été dépouillé dans le système veineux ; aussi observe-t-on que les habitants des côtes maritimes ont, en général, une respiration grande et aisée, une circulation énergique, le teint animé, des muscles forts et qu'ils jouissent enfin d'une plénitude de vie, qu'on retrouve rarement dans les villes populeuses, où tout est pâle et dans l'étiolement.

Les vents qui règnent à l'île de Porquerolles n'ont pas une action fâcheuse sur la santé et à plus forte raison, sur les maladies; car le voisinage de la mer, par son action constante sur les mouvements de l'atmosphère, tend à rendre ces changements plus uniformes et moins brusques. Aussi à Porquerolles la moyenne de l'hiver et de l'été diffèrent peu, la température y est douce et peu variable, grâce à ce voisinage marin, qui tempère à la fois le refroidissement hivernal et le réchauffement estival.

La température, l'humidité et surtout la pureté de l'air, sont pour l'hygiéniste, les trois éléments climatologiques qui dominent tous les autres. C'est sur la pureté de l'air que se mesure la salubrité d'un climat. A Porquerolles, l'absence complète de marais, ne vient donc jamais troubler la pureté de son atmosphère. Aussi ne voit-on aucune maladie infectueuse ou miasmatique. Tel est le bilan climatologique de l'île de Porquerolles.

INFLUENCE DU CLIMAT DE PORQUEROLLES

SUR LES DIFFÉRENTES MALADIES

Quelle est maintenant l'influence de ce climat si doux sur les différentes maladies? C'est ce que nous allons examiner.

Il nous a, en effet, été permis, pendant une période de deux ans, de faire quelques observations, que nous pouvons soumettre à l'appréciation de nos lecteurs. Ces observations ont été prises, soit auprès des quelques étrangers malades, qui ont habité l'île, soit sur les militaires venus d'Afrique qui sont envoyés journellement à Porquerolles pour y rétablir leur santé. Ces hommes sont presque tous minés, soit par l'anémie la plus profonde, la cachexie paludéenne, les fièvres intermittentes rebelles, la dyssenterie et les affections pulmonaires, principalement la bronchite chronique. Sur 200 soldats envoyés au dépôt pendant l'année 1876, nous avons eu seulement 9 décès à l'hôpital, à la suite de dyssenterie et diarrhée chronique, contractées dans les pays chauds. 150 sont partis au bout de cinq mois, complètement guéris ; le reste a pu aussi rejoindre le corps auquel il appartenait, dans un état d'amélioration qui faisait prévoir une guérison prochaine.

A quoi attribuer cet heureux résultat, si ce n'est à la .bonté du climat de Porquerolles ?·

Nous avons eu également l'occasion de soigner quelques nobles étrangers, atteints d'affections diverses, et tous, sans exception, ont trouvé dans le séjour de Porquerolles un grand soulagement à leurs maux.

On sait, d'ailleurs, que la chaleur joue un rôle prépondérant dans la plupart des phénomènes dont l'atmosphère est le siége. Il n'y a pas de modificateur plus énergique et plus général d'un climat que cet agent : « La fécondité, dit Michel Levy, et la mortalité humaine sont liés étroitement aux conditions thermologiques du milieu ambiant. »

L'homme, comme le dit avec juste raison le docteur Bayle, de Paris, ne vit pas seulement des aliments et des boissons qu'il ingère, l'air qu'il respire, (*ce pabulum vitæ*) lui est plus nécessaire. Or, l'air sec et chaud est celui qui est le plus à rechercher pour la conservation de l'homme et pour le soulagement d'une foule de maladies. Ce soulagement se trouve dans les stations hivernales du littoral de la Méditerranée, et surtout à Porquerolles. C'est cette température chaude qu'il faut rechercher avant tout. Outre cet agent, le soleil et la lumière contribuent aussi au développement des êtres et à l'entretien de la vie.

A Porquerolles ces deux agents naturels sont en

abondance, aussi croyons-nous utile d'en faire connaître l'heureuse influence.

La peau et les poumons sont les deux organes principaux des fonctions excrémentielles ; ces organes ont la plus grande ressemblance fonctionnelle ; ce sont en même temps les deux organes de nutrition les plus exposés aux influences météorologiques. Un premier effet de l'atmosphère marine chaude de Porquerolles se fait sentir sur la peau, de blanche, décolorée, froide, qu'elle était, elle devient rosée, chaude et s'anime. Les capillaires cutanés s'injectent et deviennent même turgides. La nutrition se réveille sur cette excitation, et ce réveil de la nutrition appelle plus de sang encore. Plus la peau s'anime, mieux elle fonctionne, plus elle reçoit de sang, moins il en reste pour les organes internes. Les fonctions de ces organes deviennent plus régulières. Ainsi, par exemple, les vaisseaux pulmonaires sont hypérémiés, dilatés jusqu'aux limites de la tonicité ; sous une pareille pression, ils laissent transsuder de la fibrine, de l'albumine, qui produisent un catarrhe gênant pour l'hématose ; mais dès que la peau s'anime, elle reçoit de plus en plus de sang, la pression des vaisseaux pulmonaires et par suite leur calibre diminuent, la transudation s'arrête, et le catarrhe disparaît. Cette action expansive exercée sur les tissus par l'air chaud et sédatif de l'île de Porquerolles peut être mise à profit dans les affections pulmonaires, telles que la phthisie, la bronchite chronique, les maladies du larynx, etc.

En effet, l'humidité qui règne dans les régions du Nord, en Angleterre, en Russie, en Suède, en Norvège, dans le nord de la France, etc., est la cause d'une foule d'affections catarrhales, bien nuisibles surtout aux personnes dont la poitrine est délicate et impressionnable.

C'est donc un air sec et chaud que les poumons malades doivent respirer, c'est à une température douce et peu variable que doivent s'adresser tous les étrangers qui viennent des pays du Nord ; c'est le climat si bienfaiteur de Porquerolles, que les malades devront choisir de préférence, afin d'obtenir, sinon la guérison, ou tout au moins une amélioration notable dans leur santé affaiblie.

Première Observation. — Monsieur X..., aumônier militaire, après avoir été condamné par plusieurs médecins, fut envoyé à l'île de Porquerolles, étant atteint de laryngite chronique. Il y avait à peine trois mois que Monsieur X... habitait l'île, qu'il éprouvait déjà un grand soulagement, la voix était moins faible, l'anémie consécutive disparaissait, l'appétit était revenu et les forces augmentaient tous les jours. Ce changement inattendu ne pouvait provenir d'une médication pharmaceutique appropriée à la maladie, puisque le malade ne prenait aucun remède ; à quoi donc attribuer ce soulagement, et même la guérison, si ce n'est à l'air sec et chaud que respirait chaque jour Monsieur X... en se promenant à travers les bois de pins ? Monsieur l'aumônier n'a pas cessé un seul jour de continuer ces excursions si bienfaitrices et si agréables en même temps ; cette odeur de résine qu'il respirait à pleins poumons a suffi pour amener chez ce digne prêtre une guérison complète ; aussi aujourd'hui jouit-il d'une santé parfaite, tout en exerçant facilement et sans souffrances son ministère.

Deuxième observation. — Mais une des maladies où le climat de Porquerolles est le plus utile, c'est l'hémoptysie ou crachement de sang.

Monsieur ... rentier, vint, il y a 19 mois de Rennes, pour passer la saison hivernale dans le Midi. Il était atteint d'une affection pulmonaire compliquée d'hémoptysies assez fréquentes. Il ne pouvait faire aucune promenade sans éprouver immédiatement une dypsnée intense. Monsieur ... choisit d'abord comme lieu de résidence Carqueirane ; mais son état de santé ne s'améliorant pas, il vint à Porquerolles, espérant y trouver un peu plus de soulagement. Son espoir ne fut point déçu, car au bout de peu de temps, après un repos absolu de quelques jours, Monsieur ... commençait, sur nos conseils, à faire une courte promenade dans les bois de pins qui avoisinent le

village de Porquerolles. Chaque jour même promenade, poussée graduellement de plus en plus loin ; les
hymoptysies ne paraissaient plus, les accès de dypsnée étaient moins fréquents, l'appétit était meilleur,
les forces revenaient, en un mot, le malade éprouvait
un mieux sensible.

Depuis 19 mois, nous n'avons constaté qu'une
seule hémoptysie, peu grave d'ailleurs, et survenue à
la suite d'une conversation trop prolongée. Au bout
de peu de temps et après quelques jours de repos,
Monsieur ... pouvait reprendre ses promenades quo-
tidiennes, auxquelles il doit ce grand soulagement
à une affection dont il était atteint depuis plusieurs
années. Nous n'avons été appelé auprès du malade
que deux fois, à la suite d'une fièvre catarrhale qui
se dissipa au bout de quelques jours ; mais les cra-
chements de sang n'ont plus reparu.

Troisième observation. — On sait le nombre de
jeunes gens et de jeunes filles de 20 à 30 ans que
moissonne chaque année la phthisie. On sait aussi
que les principales causes sont une constitution
faible et lymphatique, scrofuleuse, l'hérédité, une
température froide et humide, et en général toutes
les influences qui peuvent affaiblir le corps, et les
poumons en particulier. Il faut donc s'occuper de
bonne heure à combattre ces causes, afin d'enrayer

le mal qui tend à se développer dans les climats humides.

La première des conditions, surtout quand la phthisie est au premier degré, est de fuir ces contrées glaciales, pour venir, dans un climat sec et chaud, tel que celui de l'île de Porquerolles.

Mademoiselle X... a 26 ans, elle est d'une taille élancée et d'une constitution lymphatique. A la suite de grandes fatigues morales et physiques, de veilles prolongées, elle était tombée dans une anémie complète. A cela vint s'ajouter une bronchite, qui, négligée au début, amena bientôt des désordres très-graves. Alors, sur les conseils de son médecin, elle se décida à quitter le pays humide et froid qu'elle habitait, pour venir à l'île de Porquerolles. Cette demoiselle vint nous consulter et nous lui ordonnâmes un traitement à suivre. Chaque jour elle allait dans les bois, pendant trois heures environ, et dès que le soleil commençait à baisser, elle rentrait chez elle, afin d'éviter l'humidité du soir. Au bout de quelque temps, Mademoiselle X... était plus gaie, elle chantait même, l'appétit revenait, les forces doublaient et les quintes de toux étaient moins fréquentes. Quand elle partit, après un séjour de quatre mois à l'île de Porquerolles, la malade etait beaucoup mieux, elle pouvait vaquer facilement à son commerce, le mal était enrayé, ainsi que nous avons pu le constater, après un examen attentif et sérieux.

Il serait d'ailleurs facile de citer plusieurs autres observations, aussi curieuses qu'importantes, vu que chaque jour nous pouvons remarquer l'heureuse influence du climat de Porquerolles.

A côté de ces affections pulmonaires viennent se ranger deux autres affections, la goutte et le rhumatisme, car, parmi les nombreuses maladies qui affectent l'espèce humaine, il n'en est pas de plus communes que ces affections, surtout dans les régions froides et humides. A peine le froid arrivé, les rhumatisants et les goutteux éprouvent de nouveaux tourments, qui les obligent de venir habiter un climat sec et chaud. Nous avons pu ainsi constater sur plusieurs officiers de l'armée atteints de douleurs rhumatismales, l'heureuse influence du climat de Porquerolles. Après un court séjour, ces officiers reprenaient leurs travaux militaires sans éprouver la moindre douleur : aussi bénissaient-ils le climat des îles d'Hyères, si doux et si bienfaiteur.

Nous en dirons autant de la goutte, de la sciatique, et, en général, de toutes les névroses, auxquelles l'air sec et chaud de Porquerolles apporte un si grand soulagement.

EFFETS DU CLIMAT

La respiration et la circulation étant deux fonctions intimement liées l'une à l'autre, toute influence exercée sur l'une de ces fonctions retentit immédiatement sur l'autre. Dans les lieux élevés, il y a tendance aux apoplexies, aux ruptures d'anévrisme, aux congestions cérébrales également; tout le monde connaît les cas d'hémorrhagies oculaires, d'épistaxis et d'hémoptysies produites par la raréfaction de l'air. Dans un climat sec et chaud, où le voisinage de la mer rend la température plus constante, on ne voit jamais arriver de pareils accidents. Le repos, le calme de l'esprit aidant, il est bien rare que les affections cardiaques ne s'amendent pas avec une rapidité étonnante, surtout à l'île de Porquerolles, car la circulation est moins rapide, la pression intravasculaire augmente, les hémorrhagies ont de la tendance à s'arrêter.

EFFETS SUR LE SYSTÈME NERVEUX

Sous l'influence de toutes les conditions climatologiques, le système nerveux, ainsi que tous les or-

ganes de l'économie, plus complètement nourri,
exécute ses fonctions avec plus de régularité et d'é-
nergie.

ACTION SUR L'ANÉMIE, ETC.

Chaque jour nous constatons aussi les effets
salutaires du climat de l'île sur les hommes atteints
d'anémie, de cachexie paludéenne, suite de fièvres
intermittentes, contractées dans les pays maréca-
geux. Chaque jour nous recevons au dépôt des
convalescents de Porquerolles des militaires venus
d'Afrique ou des prisons militaires de Paris, de Lyon
et d'Avignon. Ces hommes, envoyés en convales-
cence, arrivent dans un état d'anémie complet, et
sous l'influence de cet air si vivifiant, qu'on respire
à pleins poumons, on voit l'anémie disparaître, les
couleurs se montrer sur ces visages pâles et amaigris, véritables miroirs de souffrances physiques et
morales supportées par ces hommes détenus aux
pénitenciers de France ou d'Afrique.

Ce séjour si bienfaisant de l'île de Porquerolles,
joint à un régime tonique et fortifiant, toujours et
dans tous les cas, modifie le mal, console le malade,
le tonifie et le reconstitue.

CURE MARINE

Mais si le séjour de Porquerolles offre pendant l'hiver de grands bienfaits aux poitrines délicates, aux rhumatisants, aux goutteux etc., le voisinage de la mer permet aussi d'y faire la cure marine, car les nombreux avantages que, de tous temps et depuis de longues années surtout, la thérapeutique médicale a retirés de l'usage des bains de mer, sont trop évidents aujourd'hui, pour que l'on puisse douter de leur efficacité dans un grand nombre de maladies qui, après avoir résisté à l'emploi des remèdes ordinaires, ont trouvé leur guérison ou leur soulagement dans son administration bien dirigée. Chaque jour, il nous est permis de nous convaincre des ressources qu'offre cet agent médicinal, par les succès heureux qui ont plus d'une fois accompagné son usage mis en pratique sous nos yeux.

Ne voulant pas sortir des limites que nous impose cette esquisse médicale sur le climat de Porquerolles, nous nous contentons de dire quelques mots de la cure marine, telle que nous l'appliquons à Porquerolles.

La nature a d'ailleurs favorisé le pays où nous exerçons ; on trouve, en effet, dans l'île, des plages immenses, bien abritées des vents, ayant un sable d'une souplesse extrême et présentant des abris naturels où le baigneur trouve à la fois une solitude commode et une grande facilité pour prendre les bains de mer. Chaque année aussi, voyons-nous des familles venir séjourner dans l'île pendant un mois ou deux, afin d'y faire la cure marine.

La cure marine comprend :

1º L'habitation sur le littoral de la mer ;

2º Le bain de soleil, ou le bain d'air simple, qui consiste à exposer le corps nu à l'air de la mer ;

3º Le bain de sable, dans lequel le corps est plongé dans le sable chaud du rivage ;

4º Le bain de baignoire, l'eau de mer étant chauffée à la température du bain tiède ;

5º Les bains de mer, proprement dits, avec leurs variétés, à la lame, à la mer pleine, basse, calme et agitée, etc.;

6º Les douches d'eau de mer et toutes les formes de l'hydrothérapie en général ;

7º Les promenades en mer, l'antidote du *spleen,* comme disent nos voisins les Anglais, et qui calment la singulière affection désignée par eux sous le nom de crève-cœur.

Tels sont les moyens dont on se sert pour faire cette cure. Nous ne dirons que quelques mots sur l'influence salutaire des bains de mer, pris froids ou chauds.

Les bains froids ont une action stimulante et énergique, et malgré la fatigue qu'éprouvent les baigneurs dès les premiers bains, malgré un certain
degré de lassitude générale, d'accablement du corps
et de la pensée, d'excitation neuveuse, surtout pendant la nuit, les baigneurs, au bout de quelques
jours ressentent un bien-être assez sensible. On
voit le plus souvent leur teint se vasculariser et les
phénomènes de collapsus nerveux disparaître et faire
place à des phénomènes contraires de l'état physi-
que et moral.

Les bains de mer chauds ont l'action stimulante
des bains de mer froids, bien que leur mode d'action ne soit pas le même. Avec eux, il n'y a pas de
période de spasme, la stimulation générale, la dila-
tation, l'expansion de la peau et des autres tissus se
montrent sur-le-champ ; mais ils diffèrent de celle-ci
en ce que la stimulation se maintient consécutive-
ment, au lieu d'être remplacée par de la faiblesse ;
ils doivent cet avantage aux sels qu'ils contiennent.

Soumis à l'usage des bains de mer chauds, des
enfants amaigris, faibles, scrofuleux, excitables,
tourmentés par le dégoût, le dévoiement, de mau-
vaises digestions, ont recouvré assez facilement l'appétit, la faculté de supporter une alimentation répa-
ratrice, les forces, l'embonpoint, l'activité, etc.

Nous prescrivons aussi, avec avantage, des bains
de mer chauds, contre le gonflement des articula-

tions, la claudication, l'affaiblissement général, qui succèdent aux lésions traumatiques des membres abdominaux (fractures, luxations, entorses).

Diverses affections cutanées sont heureusement modifiées par ces bains de mer, dont l'efficacité se rapproche beaucoup de celles des eaux thermales et même sulfureuses.

Nous terminerons ici ces nombreuses indications, en disant que la cure marine est employée avec avantage contre la scrofule, le lymphatisme, les maladies propres aux jeunes filles, (aménorrhée, dysménorrhée, chlorose, etc.) ; les maladies propres aux femmes, en un mot contre la plupart des affections chroniques. La cure marine ne s'adresse pas à un organe en particulier, mais elle agit sur toute la constitution.

Le climat de Porquerolles, comme nous venons de le démontrer, offre donc deux avantages incontestables :

1º En hiver, toute poitrine délicate y trouve un grand soulagement en venant respirer son air sec et chaud ;

2º En été, il sera permis d'y faire la cure marine, car peu de pays possèdent des plages aussi belles, aussi sûres, qui puissent rivaliser avec celles qu'on rencontre à Porquerolles.

Un mot, en finissant, sur les précautions à prendre dans l'île. Comme dans tous les pays du littoral de la Méditerranée, le malade doit suivre les transitions de température, assez brusques quelquefois, se vêtir plus chaudement à cause de la fraîcheur des soirées, éviter autant que possible le terrible mistral et l'humide vent d'Est, ce qui est d'ailleurs facile, soit en pénétrant dans l'intérieur des bois touffus qui défient tous les vents, ou en gardant la chambre.

RESSOURCES QUE L'ON TROUVE DANS L'ILE

ET MOYENS DE COMMUNICATION

Un mot à présent sur les ressources que l'on trouve dans l'île.

Beaucoup de personnes, fort mal renseignées d'ailleurs, ne craignent pas de dire tout haut que Porquerolles est dépourvu de tout, que l'étranger ne peut y trouver le moindre confortable et que les moyens de communication sont presque nuls.

Nous nous contenterons de répondre que tous ces bruits sont erronés, et que l'étranger reçoit chaque jour à Porquerolles l'hospitalité la plus cordiale, que certes l'on ne rencontre pas toujours dans d'autres pays.

Il est vrai que l'île ne peut pas offrir, comme dans les grandes villes, des appartements splendidement garnis, où le luxe exagéré enlève quelquefois la commodité et souvent le bien-être ; il est vrai qu'il n'y a pas pour le moment de villas, bâties sur les différents points de l'île ; on n'y trouve pas non plus des hôtels à cinq ou six étages.

Porquerolles ne peut offrir pour le moment, aux étrangers qui viennent y séjourner, que des habitations très-simples, séparées les unes des autres et surtout fort bien aérées. Les malades y trouveront le bien-être, et surtout ce qu'ils demandent, le grand air et le repos. Les étrangers ne peuvent être entassés dans un seul et unique bâtiment, comme dans beaucoup d'autres pays ; chaque famille peut se procurer un fort joli petit logement, avec jardin et eau. Le phthisique n'est pas à côté d'une personne atteinte d'une affection cutanée; l'anémique, qui demande le repos, ne vit pas avec l'asthmatique, sans cesse fatigué par les quintes de toux et une abondante expectoration.

Outre ces habitations, fort simples, commodes et bien aérées, on trouve à Porquerolles deux hôtels garnis, situés au bord de la mer et où l'on rencontre assez de confortable.

La nourriture y est aussi saine que variée : viandes de première qualité, poissons de toutes sortes et d'une bonté irréprochable, légumes frais et vins exquis. Peu de luxe, mais la propreté, la simplicité jointe à la bonté des aliments et du climat, voilà ce qu'il faut au véritable malade qui vient demander au séjour de Porquerolles un peu de soulagement.

Mais il faut le dire, avant toutes choses, nous ne faisons pas appel aux étrangers qui, voyageant plus par agrément que par raison de santé, viennent dans les différentes stations hivernales, pour y chercher les plaisirs, les concerts, les fêtes et toutes les douceurs de la vie mondaine.

Nous nous adressons à des personnes essentiellement malades, qui ne veulent que le repos, la tranquillité et le rétablissement de leur santé affaiblie. Ils trouveront à Porquerolles la solitude, si douce quelquefois, les vastes horizons, les bois, la mer et sa poésie.

On est en extase devant ces panoramas, ces féeries, qu'offre la nature si bizarre et si variée à Porquerolles. On admire ces sites pittoresques, ces promenades si agréables et si nombreuses.

Citons en première ligne, à travers les forêts de pins, la promenade au cap des Mèdes, où l'on trouve un rocher gigantesque et menaçant qui domine la mer et au pied duquel s'élève une batterie formidable et taillée dans le roc. On visitera avec plaisir la plaine Notre-Dame où la végétation est si luxuriante et où l'on rencontre à chaque pas des puits qui donnent une eau excellente à boire. Nous recommandons encore les promenades à l'Oustaou de Diou, au Brégançonnet, à Bon Renaud, au Grand Langoustier, qui offrent un aspect tout différent et plein de charmes pour le contemplateur de la nature. Il ne faut pas non plus oublier le Phare, qui est une des curiosités les plus remarquables de Porquerolles. On est vraiment surpris d'admiration devant ce monument tout en pierres de taille et s'élevant à

90 mètres au-dessus du niveau de la mer. La nuit il projette une lumière très-vive et s'étendant à 10 lieues au large. Il est d'ailleurs permis à tous les visiteurs d'entrer dans l'intérieur du Phare et de monter jusqu'au dôme où se trouve placé cet appareil ingénieux qui projette une lumière si éclatante.

De cet endroit la vue s'étend au loin, et découvre la rade de Toulon, le fort menaçant du Faron, tout le territoire d'Hyères, les îles de Port-Cros, de Bagau et du Titan et le panorama complet de Porquerolles, la grande mer dont les vagues viennent battre les flancs du rocher sur lequel est bâti le phare.

Ces maisons situées au bord de la mer, ces bois de pins, ces plages si belles et semées d'un sable souple et d'une finesse extrême, si fréquentées pendant la saison des bains de mer, cette vie si douce, si tranquille, tout, en un mot, est réuni à Porquerolles, pour en faire un de ses jours les plus agréables.

Des bateaux bien installés, et surtout bien conduits, permettent aux étrangers d'aller jouir des émotions de la pêche, d'admirer ces rochers si abruptes, de parcourir ces anses creusées par la mer et en même temps d'éprouver les effets salutaires de l'air marin.

L'Anglais, le Suédois, le Norvègien, en un mot, tout étranger qui aime la mer, ne se trouvera pas dépaysé à Porquerolles, quoique bien éloigné de sa mère-patrie, il pourra chaque jour faire des prome-

nades en mer, qui seront pour lui une grande dis-
traction, en même temps qu'elles ne porteront pas
atteinte à sa santé.

Il y a, en outre, à Porquerolles, un bureau de
poste et de télégraphe.

Les moyens de communication sont assez faciles,
à moins de gros mauvais temps, ce qui est à Porquerolles le seul obstacle qui empêche de communi-
quer avec le continent ; la mer y est souveraine
maîtresse, mais heureusement le calme et le bon
vent règnent plus souvent que la tempête.

Les Lundi, Mercredi et Vendredi de chaque semaine,
un bateau à vapeur part de Toulon et vient apporter
les dépêches, les vivres destinés à la garnison de
Porquerolles et différentes denrées nécessaires aux
négociants de l'île ; le bateau est à hélice ; il est
commandé par le capitaine *Marciani*, homme fort
intelligent et dont les capacités nautiques ne peuvent
être mises en doute. On trouve à bord de ce vapeur
toutes les commodités possibles ; l'affabilité de tout
l'équipage rend en même temps la traversée moins
pénible pour ceux qui éprouvent un malaise ; un
salon orné avec simplicité et assez grand, avec cou-
chettes latérales, peut recevoir les passagers qui
craignent la mer et qui ont besoin de recevoir quelques soins pendant la traversée.

Le voyage, qui dure deux heures à peine, est un
des plus agréables qu'on puisse faire en mer. En

route, les amateurs admireront le Mourillon avec sa
tour carrée, si élevée et si bizarre, les jolies villas
du Cap-Brun et de Sainte-Marguerite, le château en
ruine de Giens et la belle rade des îles d'Hyères.

Le départ de Toulon a lieu le matin régulièrement
à 7 heures ; on arrive à Porquerolles à 9 heures, d'où
l'on repart à 2 heures du soir pour être rendu à
Toulon vers 4 heures.

Le Mardi, le Jeudi, le Samedi et le Dimanche, un
bateau à voiles monté par trois bons marins, véritables loups de mer, part de Porquerolles, vers 7 heures du matin, pour aller à la presqu'île de Giens ou
à la Badine. Ce service est affecté au transport des
dépêches et des voyageurs qui veulent aller au continent.

Outre ces deux services réguliers, on trouve à
Porquerolles un certain nombre de bateliers qui peuvent traverser les voyageurs à toute heure du jour et
de la nuit et à des prix très modérés, soit à la gare
de la plage, soit aux Salins d'Hyères, soit à Giens.

Les voyageurs étrangers qui voudront venir à l'île
de Porquerolles, devront s'arrêter de préférence à
Toulon-sur-mer. Ils trouveront tous les renseignements
voulus, en s'adressant au *Courrier des Iles d'Hyères*,
ancré dans le port de Toulon, en face de l'Hôtel-de-
Ville. Ils pourront attendre le jour du départ du
courrier, en se reposant à Toulon des fatigues du
voyage.

Et maintenant que nous reste-t-il à dire pour conclure ? C'est que Porquerolles mérite d'être connu, car son climat est sans contredit un des plus agréables et des plus doux que l'on puisse rencontrer sur le littoral de la Méditerranée.

Aux nobles étrangers donc à venir l'apprécier et à lui marquer sa place méritée parmi les stations hivernales.

Miscere utile dulci, tel est le but que l'on peut atteindre en venant à Porquerolles.

Toulon. — Typ. et Lith. Germain-Massone, boulevard de Strasbourg, 56.